풀 때마다 머리가 좋아지는

수학퍼즐

짱아찌 지음

더 크로스편

단한권의책

풀 때마다 머리가 좋아지는

수학퍼즐 : 더 크로스편

발행일 | 2020년 4월 29일

지은이 | 짱아찌
펴낸이 | 장재열
펴낸곳 | 단한권의책
출판등록 | 제25100-2017-000072호(2012년 9월 14일)
주소 | 서울시 은평구 서오릉로 20길 10-6
전화 | 010-2543-5342 **팩스** | 070-4850-8021
이메일 | jjy5342@naver.com **블로그** | http://blog.naver.com/only1book

ISBN 978-89-98697-81-5 13410
값 | 8,900원

차 례

사칙연산의 방법과 순서

모든 언어에는 표기법과 문법이 있듯 수학도 수학만의 언어적인 법칙이 있다. 수학의 가장 기본은 사칙연산이다. 사칙연산을 통해 쓰고 이해할 수 있도록 규칙을 정하고, 그 순서로 풀어서 해답을 내는 것이 수학이다.

1. 왼쪽부터 ×, ÷를 먼저 계산하는 것이 원칙이다.
2. 그다음 순서는 +, -를 한다. 이것도 물론 왼쪽부터이다.
3. 또한 괄호는 아래의 순서로 풀어야만 올바른 정답을 추론할 수 있다.
( ) → { } → [ ]

아래의 사칙연산을 풀어서 정답을 구하세요.

1 (2+8)×10÷5=

2 {(2×10)÷4}÷5=

3 2×5×6=

4 (10÷10)×(3×4)=

5 4×11÷4=

6 (130+10)÷7=

7 (10×10+10×10)÷2=

8 10+40+50+8−4=

9 12×12−44=

10 (12×12+6)÷2=

[정답] 1. 20 2. 1 3. 60 4. 12 5. 11 6. 20 7. 100 8. 104 9. 100 10. 75

1장

[예시 문제]

빈칸에 맞는 숫자나 등식을 채워서 완성해주세요.

10	×	10	=	100
+		÷		
5	×		=	10
=		=		

[풀이 과정]

10	×	10	=	100
+		÷		
5	×	**2**	=	10
=		=		
15		**5**		

빈칸에 맞는 숫자나 등식을 채워서 완성해주세요.

	×	10	=	100
+		÷		
7	×		=	14
=		=		

암산 노트

2

빈칸에 맞는 숫자나 등식을 채워서 완성해주세요.

8	×		=	88
		−		
	×	5	=	60
=		=		
20				

암산 노트

빈칸에 맞는 숫자나 등식을 채워서 완성해주세요.

14			=	42
		×		
	−	9	=	1
=		=		
24		27		

암산 노트

4

빈칸에 맞는 숫자나 등식을 채워서 완성해주세요.

4		4	=	16
		×		
5	+		=	
=		=		
9		24		

암산 노트

빈칸에 맞는 숫자나 등식을 채워서 완성해주세요.

	×	6	=	30
+				
7	×		=	56
=		=		
		14		

암산 노트

빈칸에 맞는 숫자나 등식을 채워서 완성해주세요.

9	−		=	6
	×	7	=	
=		=		
17		21		

암산 노트

7

빈칸에 맞는 숫자나 등식을 채워서 완성해주세요.

	×	12	=	144
	×	9	=	27
=		=		
36		3		

암산 노트

빈칸에 맞는 숫자나 등식을 채워서 완성해주세요.

	÷	3	=	9
+				
		11	=	17
=		=		
33		14		

암산 노트

수학자이자 비밀 종교의 지도자
피타고라스
(Pythagoras, BC 580~500)

고대 그리스의 7현인 중 한 명이었던 피타고라스는 기원전 580년 사모스 섬에서 태어났다.
피타고라스는 살아 있는 동안 전설적인 인물이었음에도 그의 생애에 대해서는 거의 알려진 것이 없다. 젊은 시절 수학 공부를 위해 이집트로 여행을 떠났고, 페르시아와 시칠리아를 거쳐 오늘날 이탈리아 남쪽의 항구 도시 크로톤에 정착했다.
피타고라스는 학교를 설립해 많은 제자들을 가르쳤는데 주변에 많은 영향을 끼치면서 숭배의 대상이 되었다. 사람들은 그가 학식과 지혜는 물론, 마술적인 힘을 지녔다고 생각했다. 동시에 다른 장소에 나타날 수 있고, 전생을 기억한다는 소문이 돌기도 했다. 피타고라스는 수학을 가르치는 한편 환생을 믿는 비밀 종교의 교리를 설파했다.
어느 날, 피타고라스는 개 한 마리가 맞는 것을 보고 불쌍하게 생각해서

"개가 짖는 소리를 들어보니 내 친구의 혼이 개로 태어난 것이다. 그러니 때리지 말라"고 말했다. 이 얘기는 당시 유명한 웃음거리가 되었다고 한다. 피타고라스는 인간의 영혼이 동물의 몸으로 환생하지 않기 위해서는 엄격한 채식주의자가 되어야 한다고 주장했다.

그의 제자들로 이루어진 피타고라스 학파에 들어가기 위해서는 공동체에 전 재산을 바친다는 맹세를 하고 5년 동안 침묵 서약을 해야 했다. 피타고라스 학파는 정치에 참여했는데 격렬한 권력 싸움에 패배하여 밀려나고 말았다. 그 결과 피타고라스가 세운 학교는 불에 타 없어지고, 피타고라스는 도망 다니다가 죽음을 맞이했다.

피타고라스 하면 가장 먼저 떠오르는 것이 '피타고라스의 정리'와 '황금비'이다. 그중 황금비란 인간이 생각하는 가장 아름다운 비를 말한다. 황금비가 건축물에 쓰인 예로는 그리스 아테네의 파르테논 신전, 레오나르도 다빈치의 비너스 상 등이다. 오늘날 컴퓨터 모니터, 영화 스크린, 신용카드의 가로 세로 비율 등은 모두 황금비를 적용했다.

2장

[예시 문제]

빈칸에는 1에서 9까지의 숫자가 들어가며 중복되어 들어갈 수 없습니다.
숫자와 연산기호를 채워넣어서 등식을 완성하세요.

	+		+	9	=	15
+		+		+		
	+		+		=	16
+		+		+		
	+		+	8	=	14
=		=		=		
10		11		24		

[문제 풀이 방법]

2	+	4	+	9	=	15
+		+		+		
3	+	6	+	7	=	16
+		+		+		
5	+	1	+	8	=	14
=		=		=		
10		11		24		

빈칸에는 1에서 9까지의 숫자가 들어가며 중복되어 들어갈 수 없습니다.
숫자와 연산기호를 채워넣어서 등식을 완성하세요.

	+		+	9	=	17
+		+		+		
	+		+		=	9
+		+		+		
	+		+	8	=	19
=		=		=		
8		14		23		

암산 노트

2

빈칸에는 1에서 9까지의 숫자가 들어가며 중복되어 들어갈 수 없습니다.
숫자와 연산기호를 채워넣어서 등식을 완성하세요.

9	+		+		=	17
+		+		+		
	+		+		=	9
+		+		+		
7	+		+		=	19
=		=		=		
17		13		15		

암산 노트

3

빈칸에는 1에서 9까지의 숫자가 들어가며 중복되어 들어갈 수 없습니다.
숫자와 연산기호를 채워넣어서 등식을 완성하세요.

1	+		+	5	=	12
+		+		+		
	+		+		=	15
+		+		+		
	+		+		=	18
=		=		=		
13		22		10		

암산 노트

4

빈칸에는 1에서 9까지의 숫자가 들어가며 중복되어 들어갈 수 없습니다.
숫자와 연산기호를 채워넣어서 등식을 완성하세요.

	+		+		=	14
+		+		+		
2	+		+	4	=	7
+		+		+		
	+		+		=	24
=		=		=		
17		13		15		

암산 노트

5

빈칸에는 1에서 9까지의 숫자가 들어가며 중복되어 들어갈 수 없습니다.
숫자와 연산기호를 채워넣어서 등식을 완성하세요.

4	+		+	5	=	12
+		+		+		
	+		+		=	16
+		+		+		
	+		+		=	17
=		=		=		
13		12		20		

암산 노트

빈칸에는 1에서 9까지의 숫자가 들어가며 중복되어 들어갈 수 없습니다.
숫자와 연산기호를 채워넣어서 등식을 완성하세요.

3	+		+	8	=	15
+		+		+		
	+		+		=	17
+		+		+		
	+		+		=	13
=		=		=		
13		11		21		

암산 노트

7

빈칸에는 1에서 9까지의 숫자가 들어가며 중복되어 들어갈 수 없습니다.
숫자와 연산기호를 채워넣어서 등식을 완성하세요.

4	+		+	2	=	15
+		+		+		
	+		+		=	16
+		+		+		
	+		+		=	14
=		=		=		
8		21		16		

암산 노트

빈칸에는 1에서 9까지의 숫자가 들어가며 중복되어 들어갈 수 없습니다.
숫자와 연산기호를 채워넣어서 등식을 완성하세요.

3	+		+	1	=	9
+		+		+		
	+		+		=	19
+		+		+		
	+		+		=	17
=		=		=		
15		18		12		

암산 노트

빈칸에는 1에서 9까지의 숫자가 들어가며 중복되어 들어갈 수 없습니다.
숫자와 연산기호를 채워넣어서 등식을 완성하세요.

	+		+		=	13
+		+		+		
7	+	1	+		=	12
+		+		+		
	+		+		=	20
=		=		=		
20		13		12		

암산 노트

빈칸에는 1에서 9까지의 숫자가 들어가며 중복되어 들어갈 수 없습니다.
숫자와 연산기호를 채워넣어서 등식을 완성하세요.

1	×		+		=	8
×		×		×		
	×		+		=	33
+		+		+		
	×		+	8	=	22
=		=		=		
6		25		53		

암산 노트

11

빈칸에는 1에서 9까지의 숫자가 들어가며 중복되어 들어갈 수 없습니다.
숫자와 연산기호를 채워넣어서 등식을 완성하세요.

	×		+	8	=	14
×		×		×		
	×		+		=	29
+		+		+		
1	×		+		=	16
=		=		=		
13		19		49		

암산 노트

빈칸에는 1에서 9까지의 숫자가 들어가며 중복되어 들어갈 수 없습니다.
숫자와 연산기호를 채워넣어서 등식을 완성하세요.

	×		+	6	=	46
×		×		×		
	×		+		=	11
+		+		+		
	×		+	2	=	29
=		=		=		
35		14		44		

암산 노트

13

빈칸에는 1에서 9까지의 숫자가 들어가며 중복되어 들어갈 수 없습니다.
숫자와 연산기호를 채워넣어서 등식을 완성하세요.

5	×		+		=	28
×		×		×		
	×		+		=	45
+		+		+		
	×	1	+		=	11
=		=		=		
39		29		26		

암산 노트

14

빈칸에는 1에서 9까지의 숫자가 들어가며 중복되어 들어갈 수 없습니다.
숫자와 연산기호를 채워넣어서 등식을 완성하세요.

2	×		+		=	6
×		×		×		
	×		+		=	52
+		+		+		
3	×		+		=	26
=		=		=		
21		11		36		

암산 노트

15

빈칸에는 1에서 9까지의 숫자가 들어가며 중복되어 들어갈 수 없습니다.
숫자와 연산기호를 채워넣어서 등식을 완성하세요.

	×	2	+		=	22
×		×		×		
	×		+		=	8
+		+		+		
	×	6	+		=	50
=		=		=		
34		8		28		

암산 노트

16

빈칸에는 1에서 9까지의 숫자가 들어가며 중복되어 들어갈 수 없습니다.
숫자와 연산기호를 채워넣어서 등식을 완성하세요.

2	×		+		=	21
×		×		×		
	×		+		=	21
+		+		+		
	×		+	8	=	50
=		=		=		
16		43		11		

2
1
단계

암산 노트

17

빈칸에는 1에서 9까지의 숫자가 들어가며 중복되어 들어갈 수 없습니다.
숫자와 연산기호를 채워넣어서 등식을 완성하세요.

7	×		+		=	23
×		×		×		
	×		+		=	11
+		+		+		
	×	5	+		=	26
=		=		=		
25		7		78		

암산 노트

18

빈칸에는 1에서 9까지의 숫자가 들어가며 중복되어 들어갈 수 없습니다.
숫자와 연산기호를 채워넣어서 등식을 완성하세요.

	×		+	1	=	17
×		×		×		
	×		+		=	57
+		+		+		
	×	7	+		=	39
=		=		=		
53		25		7		

암산 노트

마법의 수 60!

1시간은 왜 60분일까?

고대에 천문학에 관한 연구와 기록을 가장 많이 남긴 수메르인은 60진법이라는 독특한 숫자 표시 방법을 사용했다. 그들은 1분을 60초, 1시간을 60분으로 정했다. 또 60진법을 기초로 태음력을 만들었다.

수메르인들은 왜 간편한 10진법을 사용하지 않고 어려운 60진법을 사용했을까? 별을 자주 관찰하던 수메르인들은 1년 동안의 원 궤도가 360일로 만들어진다고 믿었고, 원에 내접하는 6각형의 한 변의 길이가 그 원의 반지름과 같다는 것을 알고 있었기 때문에 360을 6으로 나눈 수 60을 '신비의 수'라고 믿었다. 또한 60은 2, 3, 4, 5, 6, 10, 12, 15, 20, 30으로 나눠떨어져 10진법에 비해 활용이 편리했다. 이로 인해 수메르인은 작은 숫자까지 쉽게 계산해낼 수 있었다.

1년은 왜 365일일까?

1년이 365일이라고 처음 정한 것은 나일강변에서 농사를 짓던 고대 이집트인이었다.

이집트인은 나일강이 범람할 때 동쪽 하늘의 일정한 위치에 시리우스 별자리가 나타난다는 사실을 알아냈다. 이집트인은 이 무렵이 씨뿌리기에 적당한 시기라는 사실을 깨달았다. 그러나 강이 범람하는 때를 알아내는 일이 중요했다. 곧 이집트인은 나일강의 범람 사이에 달이 12번 차고 기운다는 사실을 알아냈고 나일강의 범람 시기를 예측하게 되었다.

이에 따라 이집트인은 1년을 12개월로 나누고, 1개월을 30일로 정한 다음, 여기에 다시 5일을 더해 1년을 365일로 한 최초의 달력을 발명했다.

이집트 달력에는 윤달과 윤년의 문제가 남아 있었는데, 로마의 교황 그레고리오 13세가 이 문제를 해결하여 '그레고리력(Gregorian Calendar)'을 만들었다. 그레고리력은 오늘날 전 세계에서 사용하고 있다.

빈칸에는 1에서 9까지의 숫자가 들어가며 중복되어 들어갈 수 없습니다.
숫자와 연산기호를 채워넣어서 등식을 완성하세요.

	×		−	6	=	12
×		×		×		
	×		−		=	8
−		−		−		
8	×		−		=	4
=		=		=		
19		9		38		

암산 노트

2

빈칸에는 1에서 9까지의 숫자가 들어가며 중복되어 들어갈 수 없습니다.
숫자와 연산기호를 채워넣어서 등식을 완성하세요.

	×		−	8	=	19
×		×		×		
6	×		−		=	38
−		−		−		
	×		−		=	3
=		=		=		
13		62		30		

암산 노트

3

빈칸에는 1에서 9까지의 숫자가 들어가며 중복되어 들어갈 수 없습니다.
숫자와 연산기호를 채워넣어서 등식을 완성하세요.

	×		−		=	47
×		×		×		
	×		−	4	=	2
−		−		−		
5	×		−		=	7
=		=		=		
43		5		33		

암산 노트

4

빈칸에는 1에서 9까지의 숫자가 들어가며 중복되어 들어갈 수 없습니다.
숫자와 연산기호를 채워넣어서 등식을 완성하세요.

6	×		−		=	41
×		×		×		
	×		−		=	7
−		−		−		
4	×		−		=	7
=		=		=		
44		11		4		

암산 노트

5

빈칸에는 1에서 9까지의 숫자가 들어가며 중복되어 들어갈 수 없습니다.

숫자와 연산기호를 채워넣어서 등식을 완성하세요.

7	×		−		=	29
×		×		×		
	×		−	2	=	2
−		−		−		
	×		−		=	15
=		=		=		
20		2		3		

암산 노트

6

빈칸에는 1에서 9까지의 숫자가 들어가며 중복되어 들어갈 수 없습니다.
숫자와 연산기호를 채워넣어서 등식을 완성하세요.

8	×		−	3	=	45
×		×		×		
	×		−		=	33
−		−		−		
	×		−		=	35
=		=		=		
36		33		5		

암산 노트

7

빈칸에는 1에서 9까지의 숫자가 들어가며 중복되어 들어갈 수 없습니다.

숫자와 연산기호를 채워넣어서 등식을 완성하세요.

	×		−	4	=	1
×		×		×		
2	×		−		=	13
−		−		−		
	×		−		=	47
=		=		=		
1		2		5		

암산 노트

빈칸에는 1에서 9까지의 숫자가 들어가며 중복되어 들어갈 수 없습니다.
숫자와 연산기호를 채워넣어서 등식을 완성하세요.

	×		−	2	=	16
×		×		×		
9	×		−		=	1
−		−		−		
	×		−		=	31
=		=		=		
20		1		12		

암산 노트

9

빈칸에는 1에서 9까지의 숫자가 들어가며 중복되어 들어갈 수 없습니다.
숫자와 연산기호를 채워넣어서 등식을 완성하세요.

5	×		−		=	9
×		×		×		
	×		−		=	65
−		−		−		
	×	3	−		=	6
=		=		=		
36		15		1		

암산 노트

10

빈칸에는 1에서 9까지의 숫자가 들어가며 중복되어 들어갈 수 없습니다.
숫자와 연산기호를 채워넣어서 등식을 완성하세요.

	×		÷	2	=	28
×		×		×		
	×		÷		=	54
÷		÷		×		
	×		×	5	=	60
=		=		=		
12		21		10		

암산 노트

11

빈칸에는 1에서 9까지의 숫자가 들어가며 중복되어 들어갈 수 없습니다.
숫자와 연산기호를 채워넣어서 등식을 완성하세요.

9	×		÷		=	36
×		×		×		
	×		÷	1	=	42
÷		÷		×		
	×		×		=	60
=		=		=		
21		12		10		

암산 노트

12

빈칸에는 1에서 9까지의 숫자가 들어가며 중복되어 들어갈 수 없습니다.
숫자와 연산기호를 채워넣어서 등식을 완성하세요.

	×		÷	2	=	21
×		×		×		
	×		÷		=	18
÷		÷		×		
3	×		×		=	15
=		=		=		
21		48		40		

암산 노트

13

빈칸에는 1에서 9까지의 숫자가 들어가며 중복되어 들어갈 수 없습니다.
숫자와 연산기호를 채워넣어서 등식을 완성하세요.

2	×		×		=	84
×		×		×		
	×		÷		=	10
×		÷		×		
	×	1	÷		=	3
=		=		=		
90		48		84		

암산 노트

14

빈칸에는 1에서 9까지의 숫자가 들어가며 중복되어 들어갈 수 없습니다.
숫자와 연산기호를 채워넣어서 등식을 완성하세요.

	×		÷	2	=	3
×		×		×		
	×		×		=	160
×		×		×		
	×	9	÷		=	21
=		=		=		
210		36		48		

암산 노트

15

빈칸에는 1에서 9까지의 숫자가 들어가며 중복되어 들어갈 수 없습니다.
숫자와 연산기호를 채워넣어서 등식을 완성하세요.

	×	5	÷		=	35
×		×		×		
	×		÷		=	1
×		×		×		
	×		÷	9	=	2
=		=		=		
42		120		72		

암산 노트

빈칸에는 1에서 9까지의 숫자가 들어가며 중복되어 들어갈 수 없습니다.
숫자와 연산기호를 채워넣어서 등식을 완성하세요.

5	×		÷		=	10
×		×		×		
	×		×		=	504
÷		×		÷		
	×	6	÷		=	2
=		=		=		
40		168		6		

암산 노트

17

빈칸에는 1에서 9까지의 숫자가 들어가며 중복되어 들어갈 수 없습니다.
숫자와 연산기호를 채워넣어서 등식을 완성하세요.

3	×		÷	9	=	2
×		×		×		
	×		÷		=	40
÷		÷		×		
	×		×		=	56
=		=		=		
6		15		63		

암산 노트

18

빈칸에는 1에서 9까지의 숫자가 들어가며 중복되어 들어갈 수 없습니다.
숫자와 연산기호를 채워넣어서 등식을 완성하세요.

7	×		÷		=	21
×		×		×		
	×		÷		=	10
÷		÷		÷		
	×		÷	2	=	3
=		=		=		
35		12		6		

암산 노트

벌집은 왜 정육각형일까?

벌집이 육각형인 이유에 대해서는 고대부터 두 가지 이론이 있었다. 하나는 벌의 다리가 6개이기 때문에 육각형과 잘 맞는다는 것이고, 다른 하나는 수학자들이 주장하는 것처럼 평면을 최대한 효율적으로 사용하는 방법이란 것이다.

그리스의 수학자 파푸스는 벌들이 정육각형 구조의 집을 짓는 현상에 대해 두 가지 이유를 들어 설명했다. 첫째, 정육각형은 빈틈없이 평면을 덮을 수 있고 둘째, 빈틈없이 채워지는 도형 중 가장 넓은 도형은 정육각형이라는 것이다. 정삼각형은 같은 크기의 집을 만드는 데 재료가 많이 필요하고, 정사각형은 구조가 단단하지 못해 쉽게 부서진다. 즉, 최소한의 재료로 가장 튼튼하고 안정감 있는 벌집을 만들기 위해서는 정육각형 구조가 가장 적합한 것이다.

아라비아 숫자는 아라비아산이 아니다?

오늘날 우리가 '아라비아 숫자'라고 부르는 0과 1~9까지의 숫자는 언제, 어디에서 만들어졌을까? 분명하지는 않지만 약 1400~1500년 전 인도에서 만들어진 것으로 알려져 있다. 이 숫자가 사용된 최초의 문서가 오늘날 인도 지역에서 발견되었는데 당시 고대 인도인들이 사용하던 산스크리트어로 적혀 있었다. 이 숫자는 아라비아 상인을 통해 아라비아에 전달되어 유럽까지 전해졌다.

1

빈칸에는 1에서 9까지의 숫자가 들어가며 중복되어 들어갈 수 없습니다.
숫자와 연산기호를 채워넣어서 등식을 완성하세요.

	×		×	2	=	18
×		×		×		
3	×		×		=	105
×		×		×		
	×		×		=	192
=		=		=		
108		40		84		

암산 노트

빈칸에는 1에서 9까지의 숫자가 들어가며 중복되어 들어갈 수 없습니다.
숫자와 연산기호를 채워넣어서 등식을 완성하세요.

3	×		×		=	54
×		×		×		
	×		×	8	=	56
×		×		×		
	×		×		=	120
=		=		=		
84		54		80		

암산 노트

3

빈칸에는 1에서 9까지의 숫자가 들어가며 중복되어 들어갈 수 없습니다.
숫자와 연산기호를 채워넣어서 등식을 완성하세요.

8	×		×		=	72
×		×		×		
	×		×		=	70
×		×		×		
	×		×	4	=	72
=		=		=		
120		42		72		

암산 노트

4

빈칸에는 1에서 9까지의 숫자가 들어가며 중복되어 들어갈 수 없습니다.
숫자와 연산기호를 채워넣어서 등식을 완성하세요.

	×	3	×		=	90
×		×		×		
	×		×	9	=	72
×		×		×		
	×		×		=	56
=		=		=		
140		48		54		

암산 노트

5

빈칸에는 1에서 9까지의 숫자가 들어가며 중복되어 들어갈 수 없습니다.
숫자와 연산기호를 채워넣어서 등식을 완성하세요.

	×		×	3	=	84
×		×		×		
	×		×		=	16
×		×		×		
6	×		×		=	270
=		=		=		
24		280		54		

암산 노트

6

빈칸에는 1에서 9까지의 숫자가 들어가며 중복되어 들어갈 수 없습니다.
숫자와 연산기호를 채워넣어서 등식을 완성하세요.

3	×		×		=	72
×		×		×		
	×		×		=	80
×		×		×		
	×		×	1	=	63
=		=		=		
105		72		48		

암산 노트

7

빈칸에는 1에서 9까지의 숫자가 들어가며 중복되어 들어갈 수 없습니다.
숫자와 연산기호를 채워넣어서 등식을 완성하세요.

6	×		×		=	126
×		×		×		
	×		×		=	64
×		×		×		
	×	1	×		=	45
=		=		=		
108		56		60		

암산 노트

빈칸에는 1에서 9까지의 숫자가 들어가며 중복되어 들어갈 수 없습니다.
숫자와 연산기호를 채워넣어서 등식을 완성하세요.

	×		×	6	=	120
×		×		×		
	×		×		=	54
×		×		×		
	×	8	×		=	56
=		=		=		
45		64		126		

암산 노트

9

빈칸에는 1에서 9까지의 숫자가 들어가며 중복되어 들어갈 수 없습니다.
숫자와 연산기호를 채워넣어서 등식을 완성하세요.

	×		×		=	20
×		×		×		
7	×		×		=	126
×		×		×		
	×		×	6	=	144
=		=		=		
56		108		60		

암산 노트

10

빈칸에는 1에서 9까지의 숫자가 들어가며 중복되어 들어갈 수 없습니다.
숫자와 연산기호를 채워넣어서 등식을 완성하세요.

9	+		−		=	2
+		+		+		
	+		−		=	7
−		−		−		
	+		−	7	=	2
=		=		=		
8		2		3		

암산 노트

11

빈칸에는 1에서 9까지의 숫자가 들어가며 중복되어 들어갈 수 없습니다.

숫자와 연산기호를 채워넣어서 등식을 완성하세요.

	+		−	7	=	10
+		+		+		
	+		−		=	7
−		−		−		
1	+		−		=	4
=		=		=		
13		8		8		

암산 노트

빈칸에는 1에서 9까지의 숫자가 들어가며 중복되어 들어갈 수 없습니다.

숫자와 연산기호를 채워넣어서 등식을 완성하세요.

7	+		−		=	6
+		+		+		
	+	4	−		=	1
−		−		−		
	+		−		=	6
=		=		=		
8		7		14		

암산 노트

13

빈칸에는 1에서 9까지의 숫자가 들어가며 중복되어 들어갈 수 없습니다.
숫자와 연산기호를 채워넣어서 등식을 완성하세요.

	+		−		=	3
+		+		+		
	+	5	−		=	2
−		−		−		
3	+		−		=	4
=		=		=		
10		7		16		

암산 노트

빈칸에는 1에서 9까지의 숫자가 들어가며 중복되어 들어갈 수 없습니다.

숫자와 연산기호를 채워넣어서 등식을 완성하세요.

	+	4	−		=	2
+		+		+		
6	+		−		=	4
−		−		−		
	+		−		=	1
=		=		=		
3		3		1		

암산 노트

15

빈칸에는 1에서 9까지의 숫자가 들어가며 중복되어 들어갈 수 없습니다.
숫자와 연산기호를 채워넣어서 등식을 완성하세요.

	+		−	8	=	5
+		+		+		
	+		−		=	4
−		−		−		
	+	9	−		=	8
=		=		=		
9		2		10		

암산 노트

16

빈칸에는 1에서 9까지의 숫자가 들어가며 중복되어 들어갈 수 없습니다.
숫자와 연산기호를 채워넣어서 등식을 완성하세요.

	+	8	−		=	10
+		+		+		
	+		−		=	2
−		−		−		
9	+		−		=	11
=		=		=		
1		3		3		

암산 노트

17

빈칸에는 1에서 9까지의 숫자가 들어가며 중복되어 들어갈 수 없습니다.
숫자와 연산기호를 채워넣어서 등식을 완성하세요.

	+		−	6	=	2
+		+		+		
	+	5	−		=	10
−		−		−		
	+		−		=	7
=		=		=		
2		10		7		

암산 노트

18

빈칸에는 1에서 9까지의 숫자가 들어가며 중복되어 들어갈 수 없습니다.

숫자와 연산기호를 채워넣어서 등식을 완성하세요.

	+		−		=	13
+		+		+		
	+	9	−		=	8
−		−		−		
	+		−	4	=	0
=		=		=		
9		16		4		

암산 노트

수학의 노벨상 필즈상을 거부한 수학자

그리고리 페렐만

(Grigori Yakovlevich Perelman, 1966~)

페렐만은 1966년 구 소련 레닌그라드(현 상트페테르부르크)에서 유태인 부부의 아들로 태어났다. 어머니는 수학과 대학원생이었는데, 페렐만을 키우기 위해 학업을 포기했다. 페렐만은 어머니에게 수학, 물리학을 조기교육 받고 수학과 물리학에 특화된 중등학교를 다녔다. 1982년에는 국제수학올림피아드에 소련 대표로 출전하여 만점으로 금메달을 받았다. 그 후 입학시험을 치르지 않고 레닌그라드 대학교 수학 및 역학과에 진학했고, 1990년에 박사 학위를 받았다.

이후 소련과학아카데미의 레닌그라드 스테클로프 연구소에서 연구 활동을 시작했다. 1980년대 후반부터 1990년대 초까지 미국 유명 대학에서 연구원으로 일했고, 미국 유수 대학에서 교수 임용 제안을 받았지만 모두 거절하고 1995년 스테클로프 연구소로 돌아갔다.

2002년 11월, 페렐만은 온라인 과학 웹사이트인 '아카이브'에 논문을 게

재해 세간의 주목을 받았다. 그는 서스턴의 기하화 추측을 증명했다고 주장했다. 이로써 수학계에서 세기의 난제로 불렸던 푸앵카레 추측을 완전하게 해결하는 데 공헌했다.

이 공로를 인정받아 페렐만은 2006년 필즈상 수상자로 지명되었다. 그러나 그는 필즈상을 거부하고 상금 100만 달러도 뿌리친 채 사라져버렸다. 그는 왜 최고의 부와 명예를 거부했을까? 늙은 어머니의 연금으로 생계를 이어 가는 그에게 수많은 궁금증이 쏟아졌다. 하지만 그의 대답을 듣기 위해 모여든 기자들에게 페렐만은 이렇게 대답했다고 한다.

“나는 내가 원하는 것을 가졌습니다.”

페렐만은 그저 수학 문제에 호기심을 품고 그 문제를 해결하는 과정이 즐거웠던 것뿐이었다.

3장

[예시 문제]

빈칸에는 1에서 16까지의 숫자가 들어가며 중복되어 들어갈 수 없습니다.
숫자와 연산기호를 채워넣어서 등식을 완성하세요.

4	+	2	+		+		=	10
+		+		+		+		
11	+	3	+		+	5	=	21
+		+		+		+		
	+		+	8	+	10	=	27
+		+		+		+		
3	+		+		+		=	36
=		=		=		=		
22		16		23		33		

[문제 풀이 방법]

4	+	2	+	**1**	+	**3**	=	10
+		+		+		+		
11	+	3	+	**2**	+	5	=	21
+		+		+		+		
4	+	**5**	+	8	+	10	=	27
+		+		+		+		
3	+	**6**	+	**12**	+	**15**	=	36
=		=		=		=		
22		16		23		33		

빈칸에는 1에서 16까지의 숫자가 들어가며 중복되어 들어갈 수 없습니다.

숫자와 연산기호를 채워넣어서 등식을 완성하세요.

15	+		+		+		=	40
+		+		+		+		
16	+	13	+		+	7	=	48
+		+		+		+		
	+		+	8	+	10	=	30
+		+		+		+		
3	+		+		+	9	=	18
=		=		=		=		
35		40		30		31		

암산 노트

2

빈칸에는 1에서 16까지의 숫자가 들어가며 중복되어 들어갈 수 없습니다.
숫자와 연산기호를 채워넣어서 등식을 완성하세요.

11	+	14	+		+	7	=	40
+		+		+		+		
9	+		+		+	12	=	47
+		+		+		+		
	+	5	+		+	2	=	21
+		+		+		+		
3	+		+		+		=	28
=		=		=		=		
36		41		23		36		

암산 노트

빈칸에는 1에서 16까지의 숫자가 들어가며 중복되어 들어갈 수 없습니다.
숫자와 연산기호를 채워넣어서 등식을 완성하세요.

	+	3	+	4	+	9	=	29
+		+		+		+		
5	+		+		+		=	44
+		+		+		+		
	+	11	+		+		=	29
+		+		+		+		
6	+		+	14	+	12	=	34
=		=		=		=		
34		24		41		37		

암산 노트

4

빈칸에는 1에서 16까지의 숫자가 들어가며 중복되어 들어갈 수 없습니다.
숫자와 연산기호를 채워넣어서 등식을 완성하세요.

	+	10	+		+	15	=	45
+		+		+		+		
	+		+		+	16	=	55
+		+		+		+		
	+	8	+	7	+		=	26
+		+		+		+		
3	+	2	+		+	1	=	10
=		=		=		=		
33		33		32		38		

암산 노트

3
1
단계

5

빈칸에는 1에서 16까지의 숫자가 들어가며 중복되어 들어갈 수 없습니다.
숫자와 연산기호를 채워넣어서 등식을 완성하세요.

2	+		+		+	14	=	34
+		+		+		+		
	+		+	7	+		=	36
+		+		+		+		
12	+		+	4	+	8	=	30
+		+		+		+		
16	+		+	10	+		=	36
=		=		=		=		
41		23		34		38		

암산 노트

빈칸에는 1에서 16까지의 숫자가 들어가며 중복되어 들어갈 수 없습니다.

숫자와 연산기호를 채워넣어서 등식을 완성하세요.

4	+	2	+		+	14	=	35
+		+		+		+		
	+		+	7	+		=	35
+		+		+		+		
9	+	3	+		+	8	=	32
+		+		+		+		
11	+		+		+		=	34
=		=		=		=		
37		26		40		33		

암산 노트

7

빈칸에는 1에서 16까지의 숫자가 들어가며 중복되어 들어갈 수 없습니다.
숫자와 연산기호를 채워넣어서 등식을 완성하세요.

	+	1	+		+		=	10
+		+		+		+		
5	+	6	+		+		=	26
+		+		+		+		
10	+		+	9	+	13	=	43
+		+		+		+		
14	+		+		+	12	=	57
=		=		=		=		
32		33		34		37		

암산 노트

8

빈칸에는 1에서 16까지의 숫자가 들어가며 중복되어 들어갈 수 없습니다.
숫자와 연산기호를 채워넣어서 등식을 완성하세요.

	+	1	+	16	+	9	=	30
+		+		+		+		
	+		+		+	14	=	41
+		+		+		+		
10	+		+	12	+		=	32
+		+		+		+		
11	+		+		+	6	=	33
=		=		=		=		
40		27		38		31		

암산 노트

빈칸에는 1에서 16까지의 숫자가 들어가며 중복되어 들어갈 수 없습니다.
숫자와 연산기호를 채워넣어서 등식을 완성하세요.

16	+		+	14	+	9	=	40
+		×		+		×		
15	×		÷		×		=	100
+		×		+		÷		
	+	11	+	12	+	5	=	30
−		−		−		+		
3	+		+		−		=	5
=		=		=		=		
30		37		24		31		

암산 노트

2

빈칸에는 1에서 16까지의 숫자가 들어가며 중복되어 들어갈 수 없습니다.

숫자와 연산기호를 채워넣어서 등식을 완성하세요.

1	×		×	10	+	16	=	56
×		×		+		×		
	×		÷		+		=	23
÷		÷		−		÷		
	×	2	×	5	+	8	=	38
+		−		+		+		
	−	7	+		−	12	=	6
=		=		=		=		
19		5		25		38		

암산 노트

3

2 단계

3

빈칸에는 1에서 16까지의 숫자가 들어가며 중복되어 들어갈 수 없습니다.
숫자와 연산기호를 채워넣어서 등식을 완성하세요.

2	×		+		−	1	=	46
×		×		+		×		
13	×		−		−	3	=	128
+		÷		−		×		
	×		÷		+	4	=	8
+		+		−		+		
6	×	7	+	9	−		=	37
=		=		=		=		
37		29		8		26		

암산 노트

빈칸에는 1에서 16까지의 숫자가 들어가며 중복되어 들어갈 수 없습니다.
숫자와 연산기호를 채워넣어서 등식을 완성하세요.

1	×		×		÷		=	8
×		×		×		×		
10	×	15	÷		+	11	=	41
×		+		÷		+		
6	+		−	8	+	12	=	19
÷		+		+		+		
	×	7	+		−		=	20
=		=		=		=		
20		46		23		70		

암산 노트

5

빈칸에는 1에서 16까지의 숫자가 들어가며 중복되어 들어갈 수 없습니다.
숫자와 연산기호를 채워넣어서 등식을 완성하세요.

15	×		÷		+	9	=	18
×		×		×		+		
14	×		÷	2	−		=	79
÷		×		×		+		
7	+		+	4	+	16	=	35
×		÷		÷		−		
	×		×	10	−		=	49
=		=		=		=		
30		52		4		26		

암산 노트

6

빈칸에는 1에서 16까지의 숫자가 들어가며 중복되어 들어갈 수 없습니다.
숫자와 연산기호를 채워넣어서 등식을 완성하세요.

15	×		÷		+	14	=	47
×		−		×		+		
4	×		÷		+	12	=	17
÷		+		÷		+		
6	×		÷		−		=	20
+		+		−		+		
	×	1	+	16	−	3	=	26
=		=		=		=		
23		11		4		36		

암산 노트

7

빈칸에는 1에서 16까지의 숫자가 들어가며 중복되어 들어갈 수 없습니다.
숫자와 연산기호를 채워넣어서 등식을 완성하세요.

15	×		+		−	14	=	85
×		×		×		+		
	×		×		−	10	=	16
÷		+		×		−		
5	×		+	16	−	11	=	45
+		+		÷		+		
12	+	7	+		−		=	18
=		=		=		=		
51		21		96		17		

암산 노트

8

빈칸에는 1에서 16까지의 숫자가 들어가며 중복되어 들어갈 수 없습니다.
숫자와 연산기호를 채워넣어서 등식을 완성하세요.

3	×	9	+	15	−		=	29
×		×		+		+		
	×		÷		×		=	77
÷		−		−		−		
2	×		×	4	−		=	57
−		−		+		−		
12	×	6	×	1	−		=	56
=		=		=		=		
9		31		22		1		

암산 노트

9

빈칸에는 1에서 16까지의 숫자가 들어가며 중복되어 들어갈 수 없습니다.
숫자와 연산기호를 채워넣어서 등식을 완성하세요.

14	×		÷		+		=	48
+		×		×		×		
15	×		×	2	÷	6	=	45
−		×		+		+		
	×	3	+		−	8	=	47
−		÷		−		+		
	×	5	×		−	11	=	49
=		=		=		=		
12		54		3		97		

암산 노트

10

빈칸에는 1에서 16까지의 숫자가 들어가며 중복되어 들어갈 수 없습니다.

숫자와 연산기호를 채워넣어서 등식을 완성하세요.

12	×	13	÷		+		=	66
×		+		×		+		
15	×		÷	4	+		=	39
÷		+		×		+		
10	+		+	7	−		=	22
×		−		÷		−		
	×	6	÷		+	1	=	16
=		=		=		=		
90		31		42		33		

암산 노트

인류 역사 최고의 수학자
카를 프리드리히 가우스
(Carl Friedrich Gauss, 1777~1855년)

가우스는 독일 브룬스비크에서 노동자의 아들로 태어났다. 어린 가우스는 말을 배우기 전에 계산부터 할 수 있을 정도로 뛰어난 천재였다. 무척 가난했지만 어머니 덕분에 공부를 했다.

그는 다른 사람들이 쓰지 않는 공식을 이용해 문제를 해결하곤 했다. 대학 시절에는 2,000년 동안 아무도 풀지 못했던 정17각형 작도법을 계산하여 수학계를 놀라게 했다.

이때부터 가우스는 수학자로서 많은 업적을 쌓았다. 그러나 완벽주의자였던 그는 만족스러운 결과가 나올 때까지 연구한 것을 발표하지 않았다. 때문에 누군가가 최초로 발견했다고 발표한 연구 결과도 나중에 보면 그의 노트 한쪽에 이미 쓰여 있기도 했다.

가우스는 1831년 괴팅겐 대학교 교수로 일하며 많은 업적을 남겼다. 최소제곱법을 만들어 현대 통계학의 기초를 마련하기도 했다.

그는 남들보다 암산 실력이 매우 뛰어났다. 사람들이 어떻게 그 많은 숫자를 빨리 봤냐고 묻자 "난 그냥 머릿속으로 계산했을 뿐이야"라고 대답했다고 한다.

교수가 된 그는 연구와 강의로 바쁜 나날을 보냈다. 그러나 바쁜 와중에도 수리 물리학에서 독립된 순수 수학의 길을 개척하면서 근대 수학을 확립했다.

그는 임종을 맞이하면서 자신이 직접 발견한 정17각형을 묘석에 새겨달라는 유언을 했다. 사후에 그가 남긴 자료를 분석하던 학자는 "가우스의 연구가 제때 발표되었다면 수학의 역사가 50년은 앞당겨졌을 것"이라고 말했다고 한다. 이런 가우스도 풀지 못한 문제가 있었는데 바로 페르마의 마지막 정리였다. 이 문제는 20세기가 되어서야 증명되었다.

정답

1장

1

10	×	10	=	100
+		÷		
7	×	2	=	14
=		=		
17		5		

3

14	×	3	=	42
+		×		
10	−	9	=	1
=		=		
24		27		

2

8	×	11	=	88
+		−		
12	×	5	=	60
=		=		
20		6		

4

4	×	4	=	16
+		×		
5	+	6	=	11
=		=		
9		24		

5

5	×	6	=	30
+		+		
7	×	8	=	56
=		=		
12		14		

7

12	×	12	=	144
×		−		
3	×	9	=	27
=		=		
36		3		

6

9	−	3	=	6
+		×		
8	×	7	=	56
=		=		
17		21		

8

27	÷	3	=	9
+		+		
6	+	11	=	17
=		=		
33		14		

1

3	+	5	+	9	=	17
+		+		+		
1	+	2	+	6	=	9
+		+		+		
4	+	7	+	8	=	19
=		=		=		
8		14		23		

2

9	+	2	+	6	=	17
+		+		+		
1	+	3	+	5	=	9
+		+		+		
7	+	8	+	4	=	19
=		=		=		
17		13		15		

3

1	+	6	+	5	=	12
+		+		+		
4	+	9	+	2	=	15
+		+		+		
8	+	7	+	3	=	18
=		=		=		
13		22		10		

4

6	+	5	+	3	=	14
+		+		+		
2	+	1	+	4	=	7
+		+		+		
9	+	7	+	8	=	24
=		=		=		
17		13		15		

5

4	+	3	+	5	=	12
+		+		+		
8	+	2	+	6	=	16
+		+		+		
1	+	7	+	9	=	17
=		=		=		
13		12		20		

6

3	+	4	+	8	=	15
+		+		+		
9	+	2	+	6	=	17
+		+		+		
1	+	5	+	7	=	13
=		=		=		
13		11		21		

7

4	+	9	+	2	=	15
+		+		+		
1	+	7	+	8	=	16
+		+		+		
3	+	5	+	6	=	14
=		=		=		
8		21		16		

8

3	+	5	+	1	=	9
+		+		+		
4	+	6	+	9	=	19
+		+		+		
8	+	7	+	2	=	17
=		=		=		
15		18		12		

9

8	+	3	+	2	=	13
+		+		+		
7	+	1	+	4	=	12
+		+		+		
5	+	9	+	6	=	20
=		=		=		
20		13		12		

10

1	×	3	+	5	=	8
×		×		×		
4	×	6	+	9	=	33
+		+		+		
2	×	7	+	8	=	22
=		=		=		
6		25		53		

11

2	×	3	+	8	=	14
×		×		×		
6	×	4	+	5	=	29
+		+		+		
1	×	7	+	9	=	16
=		=		=		
13		19		49		

12

8	×	5	+	6	=	46
×		×		×		
4	×	1	+	7	=	11
+		+		+		
3	×	9	+	2	=	29
=		=		=		
35		14		44		

13

5	×	4	+	8	=	28
×		×		×		
6	×	7	+	3	=	45
+		+		+		
9	×	1	+	2	=	11
=		=		=		
39		29		26		

16

2	×	9	+	3	=	21
×		×		×		
5	×	4	+	1	=	21
+		+		+		
6	×	7	+	8	=	50
=		=		=		
16		43		11		

14

2	×	1	+	4	=	6
×		×		×		
9	×	5	+	7	=	52
+		+		+		
3	×	6	+	8	=	26
=		=		=		
21		11		36		

17

7	×	2	+	9	=	23
×		×		×		
3	×	1	+	8	=	11
+		+		+		
4	×	5	+	6	=	26
=		=		=		
25		7		78		

15

9	×	2	+	4	=	22
×		×		×		
3	×	1	+	5	=	8
+		+		+		
7	×	6	+	8	=	50
=		=		=		
34		8		28		

18

8	×	2	+	1	=	17
×		×		×		
6	×	9	+	3	=	57
+		+		+		
5	×	7	+	4	=	39
=		=		=		
53		25		7		

1

9	×	2	−	6	=	12
×		×		×		
3	×	5	−	7	=	8
−		−		−		
8	×	1	−	4	=	4
=		=		=		
19		9		38		

2

3	×	9	−	8	=	19
×		×		×		
6	×	7	−	4	=	38
−		−		−		
5	×	1	−	2	=	3
=		=		=		
13		62		30		

3

8	×	7	−	9	=	47
×		×		×		
6	×	1	−	4	=	2
−		−		−		
5	×	2	−	3	=	7
=		=		=		
43		5		33		

4

6	×	7	−	1	=	41
×		×		×		
8	×	2	−	9	=	7
−		−		−		
4	×	3	−	5	=	7
=		=		=		
44		11		4		

5

7	×	5	−	6	=	29
×		×		×		
4	×	1	−	2	=	2
−		−		−		
8	×	3	−	9	=	15
=		=		=		
20		2		3		

6

8	×	6	−	3	=	45
×		×		×		
5	×	7	−	2	=	33
−		−		−		
4	×	9	−	1	=	35
=		=		=		
36		33		5		

7

5	×	1	−	4	=	1
×		×		×		
2	×	8	−	3	=	13
−		−		−		
9	×	6	−	7	=	47
=		=		=		
1		2		5		

8

3	×	6	−	2	=	16
×		×		×		
9	×	1	−	8	=	1
−		−		−		
7	×	5	−	4	=	31
=		=		=		
20		1		12		

9

5	×	2	−	1	=	9
×		×		×		
8	×	9	−	7	=	65
−		−		−		
4	×	3	−	6	=	6
=		=		=		
36		15		1		

10

8	×	7	÷	2	=	28
×		×		×		
6	×	9	÷	1	=	54
÷		÷		×		
4	×	3	×	5	=	60
=		=		=		
12		21		10		

11

9	×	8	÷	2	=	36
×		×		×		
7	×	6	÷	1	=	42
÷		÷		×		
3	×	4	×	5	=	60
=		=		=		
21		12		10		

12

7	×	6	÷	2	=	21
×		×		×		
9	×	8	÷	4	=	18
÷		÷		×		
3	×	1	×	5	=	15
=		=		=		
21		48		40		

13

2	×	6	×	7	=	84
×		×		×		
5	×	8	÷	4	=	10
×		÷		×		
9	×	1	÷	3	=	3
=		=		=		
90		48		84		

14

6	×	1	÷	2	=	3
×		×		×		
5	×	4	×	8	=	160
×		×		×		
7	×	9	÷	3	=	21
=		=		=		
210		36		48		

15

7	×	5	÷	1	=	35
×		×		×		
2	×	4	÷	8	=	1
×		×		×		
3	×	6	÷	9	=	2
=		=		=		
42		120		72		

16

5	×	4	÷	2	=	10
×		×		×		
8	×	7	×	9	=	504
÷		×		÷		
1	×	6	÷	3	=	2
=		=		=		
40		168		6		

17

3	×	6	÷	9	=	2
×		×		×		
8	×	5	÷	1	=	40
÷		÷		×		
4	×	2	×	7	=	56
=		=		=		
6		15		63		

18

7	×	9	÷	3	=	21
×		×		×		
5	×	8	÷	4	=	10
÷		÷		÷		
1	×	6	÷	2	=	3
=		=		=		
35		12		6		

1

9	×	1	×	2	=	18
×		×		×		
3	×	5	×	7	=	105
×		×		×		
4	×	8	×	6	=	192
=		=		=		
108		40		84		

4

5	×	3	×	6	=	90
×		×		×		
4	×	2	×	9	=	72
×		×		×		
7	×	8	×	1	=	56
=		=		=		
140		48		54		

2

3	×	9	×	2	=	54
×		×		×		
7	×	1	×	8	=	56
×		×		×		
4	×	6	×	5	=	120
=		=		=		
84		54		80		

5

4	×	7	×	3	=	84
×		×		×		
1	×	8	×	2	=	16
×		×		×		
6	×	5	×	9	=	270
=		=		=		
24		280		54		

3

8	×	1	×	9	=	72
×		×		×		
5	×	7	×	2	=	70
×		×		×		
3	×	6	×	4	=	72
=		=		=		
120		42		72		

6

3	×	4	×	6	=	72
×		×		×		
5	×	2	×	8	=	80
×		×		×		
7	×	9	×	1	=	63
=		=		=		
105		72		48		

7

6	×	7	×	3	=	126
×		×		×		
2	×	8	×	4	=	64
×		×		×		
9	×	1	×	5	=	45
=		=		=		
108		56		60		

8

5	×	4	×	6	=	120
×		×		×		
9	×	2	×	3	=	54
×		×		×		
1	×	8	×	7	=	56
=		=		=		
45		64		126		

9

1	×	4	×	5	=	20
×		×		×		
7	×	9	×	2	=	126
×		×		×		
8	×	3	×	6	=	144
=		=		=		
56		108		60		

10

9	+	1	−	8	=	2
+		+		+		
3	+	6	−	2	=	7
−		−		−		
4	+	5	−	7	=	2
=		=		=		
8		2		3		

11

8	+	9	−	7	=	10
+		+		+		
6	+	4	−	3	=	7
−		−		−		
1	+	5	−	2	=	4
=		=		=		
13		8		8		

12

7	+	8	−	9	=	6
+		+		+		
3	+	4	−	6	=	1
−		−		−		
2	+	5	−	1	=	6
=		=		=		
8		7		14		

13

7	+	4	−	8	=	3
+		+		+		
6	+	5	−	9	=	2
−		−		−		
3	+	2	−	1	=	4
=		=		=		
10		7		16		

16

7	+	8	−	5	=	10
+		+		+		
3	+	1	−	2	=	2
−		−		−		
9	+	6	−	4	=	11
=		=		=		
1		3		3		

14

5	+	4	−	7	=	2
+		+		+		
6	+	1	−	3	=	4
−		−		−		
8	+	2	−	9	=	1
=		=		=		
3		3		1		

17

1	+	7	−	6	=	2
+		+		+		
9	+	5	−	4	=	10
−		−		−		
8	+	2	−	3	=	7
=		=		=		
2		10		7		

15

7	+	6	−	8	=	5
+		+		+		
3	+	5	−	4	=	4
−		−		−		
1	+	9	−	2	=	8
=		=		=		
9		2		10		

18

7	+	8	−	2	=	13
+		+		+		
5	+	9	−	6	=	8
−		−		−		
3	+	1	−	4	=	0
=		=		=		
9		16		4		

1

15	+	14	+	6	+	5	=	40
+		+		+		+		
16	+	13	+	12	+	7	=	48
+		+		+		+		
1	+	11	+	8	+	10	=	30
+		+		+		+		
3	+	2	+	4	+	9	=	18
=		=		=		=		
35		40		30		31		

3

13	+	3	+	4	+	9	=	29
+		+		+		+		
5	+	8	+	16	+	15	=	44
+		+		+		+		
10	+	11	+	7	+	1	=	29
+		+		+		+		
6	+	2	+	14	+	12	=	34
=		=		=		=		
34		24		41		37		

2

11	+	14	+	8	+	7	=	40
+		+		+		+		
9	+	16	+	10	+	12	=	47
+		+		+		+		
13	+	5	+	1	+	2	=	21
+		+		+		+		
3	+	6	+	4	+	15	=	28
=		=		=		=		
36		41		23		36		

4

11	+	10	+	9	+	15	=	45
+		+		+		+		
14	+	13	+	12	+	16	=	55
+		+		+		+		
5	+	8	+	7	+	6	=	26
+		+		+		+		
3	+	2	+	4	+	1	=	10
=		=		=		=		
33		33		32		38		

정답

5

2	+	5	+	13	+	14	=	34
+		+		+		+		
11	+	3	+	7	+	15	=	36
+		+		+		+		
12	+	6	+	4	+	8	=	30
+		+		+		+		
16	+	9	+	10	+	1	=	36
=		=		=		=		
41		23		34		38		

7

3	+	1	+	2	+	4	=	10
+		+		+		+		
5	+	6	+	7	+	8	=	26
+		+		+		+		
10	+	11	+	9	+	13	=	43
+		+		+		+		
14	+	15	+	16	+	12	=	57
=		=		=		=		
32		33		34		37		

6

4	+	2	+	15	+	14	=	35
+		+		+		+		
13	+	5	+	7	+	10	=	35
+		+		+		+		
9	+	3	+	12	+	8	=	32
+		+		+		+		
11	+	16	+	6	+	1	=	34
=		=		=		=		
37		26		40		33		

8

4	+	1	+	16	+	9	=	30
+		+		+		+		
15	+	5	+	7	+	14	=	41
+		+		+		+		
10	+	8	+	12	+	2	=	32
+		+		+		+		
11	+	13	+	3	+	6	=	33
=		=		=		=		
40		27		38		31		

1

16	+	1	+	14	+	9	=	40
+		×		+		×		
15	×	4	÷	6	×	10	=	100
+		×		+		÷		
2	+	11	+	12	+	5	=	30
−		−		−		+		
3	+	7	+	8	−	13	=	5
=		=		=		=		
30		37		24		31		

3

2	×	16	+	15	−	1	=	46
×		×		+		×		
13	×	11	−	12	−	3	=	128
+		÷		−		×		
5	×	8	÷	10	+	4	=	8
+		+		−		+		
6	×	7	+	9	−	14	=	37
=		=		=		=		
37		29		8		26		

2

1	×	4	×	10	+	16	=	56
×		×		+		×		
15	×	6	÷	9	+	13	=	23
÷		÷		−		÷		
3	×	2	×	5	+	8	=	38
+		−		+		+		
14	−	7	+	11	−	12	=	6
=		=		=		=		
19		5		25		38		

4

1	×	2	×	16	÷	4	=	8
×		×		×		×		
10	×	15	÷	5	+	11	=	41
×		+		÷		+		
6	+	9	−	8	+	12	=	19
÷		+		+		+		
3	×	7	+	13	−	14	=	20
=		=		=		=		
20		46		23		70		

5

15	×	3	÷	5	+	9	=	18
×		×		×		+		
14	×	13	÷	2	−	12	=	79
÷		×		×		+		
7	+	8	+	4	+	16	=	35
×		÷		÷		−		
1	×	6	×	10	−	11	=	49
=		=		=		=		
30		52		4		26		

7

15	×	6	+	9	−	14	=	85
×		×		×		+		
13	×	1	×	2	−	10	=	16
÷		+		×		−		
5	×	8	+	16	−	11	=	45
+		+		÷		+		
12	+	7	+	3	−	4	=	18
=		=		=		=		
51		21		96		17		

6

15	×	11	÷	5	+	14	=	47
×		−		×		+		
4	×	10	÷	8	+	12	=	17
÷		+		÷		+		
6	×	9	÷	2	−	7	=	20
+		+		−		+		
13	×	1	+	16	−	3	=	26
=		=		=		=		
23		11		4		36		

8

3	×	9	+	15	−	13	=	29
×		×		+		+		
14	×	5	÷	10	×	11	=	77
÷		−		−		−		
2	×	8	×	4	−	7	=	57
−		−		+		−		
12	×	6	×	1	−	16	=	56
=		=		=		=		
9		31		22		1		

9

14	×	10	÷	4	+	13	=	48
+		×		×		×		
15	×	9	×	2	÷	6	=	45
−		×		+		+		
16	×	3	+	7	−	8	=	47
−		÷		−		+		
1	×	5	×	12	−	11	=	49
=		=		=		=		
12		54		3		97		

10

12	×	13	÷	3	+	14	=	66
×		+		×		+		
15	×	8	÷	4	+	9	=	39
÷		+		×		+		
10	+	16	+	7	−	11	=	22
×		−		÷		−		
5	×	6	÷	2	+	1	=	16
=		=		=		=		
90		31		42		33		

단한권의책 도서목록

가로세로 낱말 퍼즐 재미부터 상식까지

단한권의책 엮음 | 132쪽 | 값 8,800원

잠든 당신의 두뇌를 활발히 일깨워주는 책. 재미있게 맞힐 수 있는 795가지 어휘를 쉬엄쉬엄 풀 수 있는 1단계부터 '정답 요정'의 도움이 절실한 4단계까지 구성했다.

가로세로 낱말 퍼즐 세계사편

단한권의책 엮음 | 140쪽 | 값 8,900원

낱말 퍼즐을 풀며 세계 곳곳을 누비다보면 세계 역사와 문화, 상식이 덤으로! 미국·영국·중국 등 국가별로 역사·인물·상식을 지문과 팁 박스 등으로 풍부하게 구성했다.

가로세로 낱말 퍼즐 한국사편

단한권의책 엮음 | 133쪽 | 값 8,900원

우리 역사의 소중함을 퀴즈를 통해 깨달아보자! 초등학생부터 입시 준비 중인 수험생, 한국사를 교양으로 알고 싶은 남녀노소 누구나 쉬엄쉬엄 재미있게 즐길 수 있도록 구성했다.

수학퍼즐 머리가 좋아지는 두뇌트레이닝북

짱아찌 지음 | 163쪽 | 값 8,900원

모든 언어에 표기법과 문법이 있듯 수학에도 수학만의 언어적인 법칙이 있다. 사칙연산을 통해 집중력, 논리력, 사고력을 발달시키고 잠든 두뇌를 트레이닝시키자!

영어 낱말 퍼즐 재미를 더한 영어 기초 트레이닝

양승순 지음 | 125쪽 | 값 8,900원

영어 단어, 공부는 어렵지만 낱말 퍼즐로 익히면 재미있다! 낱말 퍼즐을 풀면서 영어 단어는 물론 숙어·관용구·속담까지! 풍부한 어휘가 알차게 수록되어 있다.